essentials

Essentials liefern aktuelles Wissen in konzentrierter Form. Die Essenz dessen, worauf es als „State-of-the-Art" in der gegenwärtigen Fachdiskussion oder in der Praxis ankommt. Essentials informieren schnell, unkompliziert und verständlich

- als Einführung in ein aktuelles Thema aus Ihrem Fachgebiet
- als Einstieg in ein für Sie noch unbekanntes Themenfeld
- als Einblick, um zum Thema mitreden zu können

Die Bücher in elektronischer und gedruckter Form bringen das Expertenwissen von Springer-Fachautoren kompakt zur Darstellung. Sie sind besonders für die Nutzung als eBook auf Tablet-PCs, eBook-Readern und Smartphones geeignet.

Essentials: Wissensbausteine aus den Wirtschafts, Sozial- und Geisteswissenschaften, aus Technik und Naturwissenschaften sowie aus Medizin, Psychologie und Gesundheitsberufen. Von renommierten Autoren aller Springer-Verlagsmarken.

Wolfgang Osterhage

Climate Engineering

Möglichkeiten und Risiken

Dr. Wolfgang Osterhage
Frankfurt
Deutschland

ISSN 2197-6708   ISSN 2197-6716 (electronic)
essentials
ISBN 978-3-658-10766-6   ISBN 978-3-658-10767-3 (eBook)
DOI 10.1007/978-3-658-10767-3

Die Deutsche Nationalbibliothek verzeichnet diese Publikation in der Deutschen Nationalbibliografie; detaillierte bibliografische Daten sind im Internet über http://dnb.d-nb.de abrufbar.

Springer Spektrum

Gedruckt auf säurefreiem und chlorfrei gebleichtem Papier

Springer Fachmedien Wiesbaden ist Teil der Fachverlagsgruppe Springer Science+Business Media
(www.springer.com)

Was Sie in diesem Essential finden können

- Die wichtigsten Ansätze des Climate Engineering
- Physikalische Hintergründe und Energiebilanzen
- Bewertung und Risiken des Climate Engineering

Vorwort

Im Rahmen der Klimadiskussion sind Befürchtungen entstanden, dass die bisher eingeleiteten und zukünftig vielleicht noch zu verschärfenden Reduzierungen von so genannten Treibhausgasen möglicherweise nicht ausreichen werden, um die gewünschten Effekte einer Klimastabilisierung zu erreichen. Deshalb werden jetzt Maßnahmen vorgeschlagen, die durch ein pro-aktives, massives Eingreifen im Rahmen eines Climate Engineering das Erdklima nachhaltig verändern sollen.

Das vorliegende Essential behandelt zunächst den Diskussionsstand und geht sodann auf die technischen Vorschläge im Einzelnen ein. Diese Überlegungen basieren auf Studien des Bundesministeriums für Bildung und Forschung sowie der Bundeswehr (s. Angaben unter „Literatur"). In einem zweiten Teil werden physikalische Grundsatzüberlegungen und chaos-theoretische Gesichtspunkte eingebracht, die die vorgeschlagenen Ansätze unter Risiko-Abwägungen kritisch beleuchten.

Grundlage für das Essential ist ein Vortrag, der anlässlich des Seminars „Internationale Klimapolitik und die Chance des Climate Engineering" im September 2015 im Arbeitnehmerzentrum Königswinter, veranstaltet von der Stiftung Christlich-Soziale Politik, gehalten wird.

Wolfgang Osterhage

Inhaltsverzeichnis

Einleitung

1

Die Ausführungen in diesem Essential werden sich an dieser Schrittfolge orientieren:

1. Beschreibung der Ausgangslage noch in dieser Einleitung, die den weiteren Handlungsbedarf bestimmt
2. Definition der übergeordneten Problemstellung
3. Erörterung der Lösungsvorschläge nach heutigem (2015) Diskussionsstand
4. Herausarbeitung der Risiken beim Einsatz bzw. Nicht-Einsatz von CE-Technologien
5. Kritik an dem CE-Ansatz insgesamt
6. Ethische Hintergrundbetrachtungen
7. Schlussfolgerungen und weitere Herausforderungen

1.1 Standortbestimmung

Um die allgemeine Diskussion einzuengen, ist es erforderlich, sich auf einen Konsens zu einigen, auf dessen Basis die weiteren Betrachtungen stattfinden. Andererseits wollen wir hier keine Grundsatzdebatte über den Klimawandel führen. Das ist nicht Gegenstand dieses Beitrags. Also nehmen wir zur Kenntnis:

- Kurzfristige Wahrnehmungen (im Rahmen von einigen Dekaden, zumindest seit systematischer Datenerhebung mit akzeptabler Qualität) lassen darauf schließen, dass das planetare Klima sich verändert.
- Vergleiche mit groben Daten aus der Vergangenheit, die weiter zurückliegen, unterstützen diese Trendanalyse.

© Springer Fachmedien Wiesbaden 2016
W. Osterhage, *Climate Engineering*, essentials,
DOI 10.1007/978-3-658-10767-3_1

- Auf Basis dieser Entwicklungen wurden umfangreiche Modellrechnungen angestellt, die die weitere klimatische Entwicklung in die Zukunft hinein zu projizieren versuchen.

In Summa lässt sich vor diesem Hintergrund eine Klimaveränderung konstatieren, die sich zumindest für Teile des Planeten, wenn nicht gar für den gesamten Planeten, nachteilig auswirken kann. Klimaveränderungen hat es in der Erdgeschichte immer schon gegeben, teilweise mit dramatischen Folgen für die Natur. Geringfügigere, teilweise lokal begrenzte Klimaschwankungen sind auch aufgetreten, während die menschliche Zivilisation schon bestand. Man kann jetzt hingehen – wie es auch gemacht wird – und theoretisch zwischen natürlichen Zyklen und dem Einfluss menschlicher Tätigkeiten unterscheiden. Diese Gewichtung steht hier allerdings nicht im Vordergrund. Die Vorgabe und Basis für die folgenden Ausführungen ist: es gibt einen Klimawandel, und es gibt Überlegungen, ihn bewusst und künstlich zu beeinflussen. Was sind die Konsequenzen solchen Handelns? Welche Möglichkeiten gibt es überhaupt mit welchen Risiken? Wie sehen die physikalischen Vorgänge in diesem Zusammenhang aus? Und welche ethischen Gesichtspunkte werden dabei berührt?

1.2 Problemstellung

Die Frage, die sich stellt, lautet kurz gefasst: Was ist zu tun vor dem oben beschriebenem Hintergrund? Dazu gibt es drei mögliche Antworten:

1. Nichts tun und abwarten, ob sich das Problem von alleine löst, und z. B. hoffen, dass die Vorteile für die Einen (geografisch gesehen) die Nachteile der Anderen aufwiegen
2. Maßnahmen zur Reduzierung von z. B. Treibhausgasen weiterführen, ggf. beschleunigen, in der Hoffnung, dass diese Maßnahmen ausreichen, sofern sich eine Verstärkung dieser Maßnahmen politisch durchsetzen lässt
3. Pro-aktive Eingriffe in die Klimadynamik durchführen; dies ist Gegenstand der Erörterungen in diesem Essential.

> ▶ Alle drei, aber insbesondere die letzteren Maßnahmen müssen einer Risikoanalyse unterzogen werden mit Blick auf zu erwartende Erfolge. Wir werden das qualitativ versuchen bezogen auf Punkt 3.

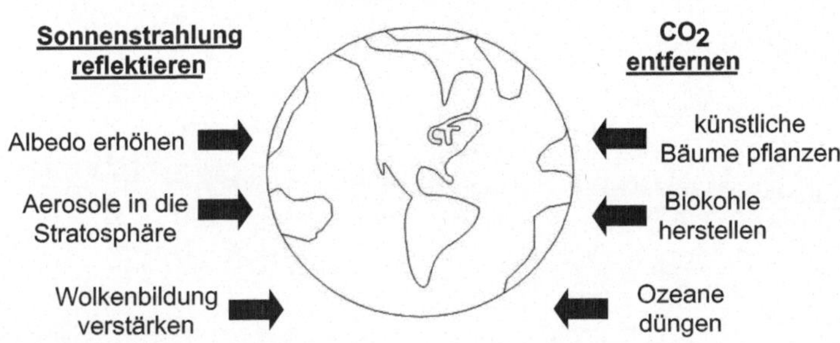

Abb. 1.1 CE Optionen

Die Abb. 1.1 ist eine schematische Gesamtdarstellung der Optionen zum Eingreifen in das Klimasystem.

Gezielte Eingriffe in das Klimasystem 2

Wir wollen uns nun weiter beschäftigen mit den pro-aktiven Eingriffen in das Klimasystem, um die es ja hier geht. Es gibt in diesem Zusammenhang zwei grundsätzlich verschiedene technologische Ansätze, die erläutert werden sollen:

- Technologien zur ursächlichen Rückführung und
- Technologien zur symptomatischen Kompensation des Klimawandels.

Wie sieht heute der Diskussionstand aus, insbesondere in Deutschland? Welche Folgen sind zu erwarten, und welche Möglichkeiten der Vorhersagbarkeit gibt es überhaupt? Gibt es bereits nennenswerte Feldversuche mit welchen potentiellen Auswirkungen? Man kann annehmen, dass – wie alle Großtechnologien – auch CE Konfliktpotentiale in sich bergen, bis hin zur Gefahr internationaler Konflikte. Unabhängig von technischen Machbarkeiten spielen sicherlich auch die finanziellen Kosten bei der Umsetzung eine Rolle, die Umsetzungen zulassen oder nicht.

2.1 Technologien zur ursächlichen Rückführung

Wie auch die Technologien zur Kompensation werden diese Maßnahmen im Detail im nachfolgenden Kapitel behandelt. Hier nur ein kurzer Überblick. Der Hauptansatz ist der so genannte CDR-Ansatz. CDR steht für „Carbon Dioxide Removal" – also dem Eliminieren bzw. Entfernen von Kohlendioxid. Dieses Ziel soll erreicht werden durch unterschiedliche

- biologische,
- chemische und
- physikalische Prozesse,

© Springer Fachmedien Wiesbaden 2016
W. Osterhage, *Climate Engineering*, essentials,
DOI 10.1007/978-3-658-10767-3_2

mit deren Hilfe versucht wird, CO_2 von den Ozeanen und der Biosphäre aufnehmen zu lassen.

2.2 Technologien zur symptomatischen Kompensation des Klimawandels

Die Technologien zur Kompensation lassen sich unter dem Begriff „Radiation Management" (RM) zusammenfassen. Gemeint ist damit die Einflussnahme auf die Sonneneinstrahlung auf die Erde. Das könnte über drei Ansätze erreicht werden:

- die Reduzierung des kurzwelligen Sonnenlichtes
- einer Erhöhung der Reflexion in der Atmosphäre oder von der Erdoberfläche aus
- einer Erhöhung langwelliger thermischer Abstrahlung zurück in den Weltraum

2.3 Diskussionsstand

Die öffentliche Diskussion, aber auch die Fachdiskussion, befinden sich noch in einem frühen Stadium. Weite Teile der Öffentlichkeit sind mit der Thematik überhaupt nicht vertraut. Man findet nur gelegentlich Berichte in den einschlägigen Medien. Die eigentliche Debatte spielt sich in einem kleinen Kreis von Experten ab. Zu den Stakeholdern gehören bisher Teilnehmer aus:

- der Forschung
- einigen NGOs
- interessierten Unternehmen
- der Politik.

Die Forschung beschäftigt sich zum Einen mit allgemeinen Betrachtungen zur Strahlungsbilanz, zum anderen mit der Entwicklung konkreter Technologien. Das bedeutet, dass die erwarteten Wirkungsweisen, deren Effizienz vor dem genannten Ziel und die dadurch resultierenden gesellschaftlichen Auswirkungen – seien es während der Vorbereitungsphase durch Akzeptanzprobleme oder durch klimatische Veränderungen nach dem Einsatz – von den Beteiligten völlig unterschiedlich bewertet werden.

In Deutschland herrscht zurzeit (2015) eine weitgehende Intransparenz, was Planungen und Ziele angeht. Die damit verbundene Unsicherheit, die sich noch nicht hörbar artikuliert, ist möglicherweise konfliktträchtig und birgt in sich ein

Potential zur Polarisierung. Es ist zu erwarten, dass ein gesamtgesellschaftlicher Konsens eher unwahrscheinlich ist. Auf jeden Fall ist eine komplexe Debatte zu erwarten. Obwohl wir uns diesbezüglich noch im Frühstadium befinden, gibt es bereits Befürworter und Gegner.

Bei den Gegnern spielt unter anderem die Sorge eine Rolle, dass durch die Akzeptanz von CE die aktuell forcierte Emissionskontrolle nicht mehr ernst genommen wird. Deshalb meinen einige Leute, CE durch eine Verschärfung der Emissionskontrolle überflüssig machen zu können. Außerdem bezweifelt man die Wirksamkeit von CE-Maßnahmen und hat Bedenken bezüglich der ökonomischen Effizienz. Man befürchtet zudem hohe Risiken durch unerwünschte Nebenwirkungen (dieses Argument wird weiter unten ausführlicher behandelt). Und schließlich spielen ethische Einwände in der Ablehnung von CE eine wichtige Rolle.

Die Befürworter argumentieren, dass CE auf jeden Fall effizienter sein würde als Emissionskontrolle. Weiterhin wird angeführt, dass die Klimaziele, die sich die Welt gesteckt hat, ohne CE niemals zu erreichen sein werden. Auf jeden Fall sollte man sich CE als Notfalloption vorbehalten, wenn es zu einer Klimakatastrophe kommen würde (Da manche CE-Ansätze aber lange Zeiträume benötigen, bevor sie wirksam werden, erscheint dieses Argument unplausibel).

2.3.1 Folgen und Vorhersagbarkeit

Die erste Frage, die beantwortet werden will, lautet: was soll überhaupt kompensiert werden? Dazu muss man sich die beiden Technologie-Ansätze im Einzelnen ansehen. RM-Technologien ermöglichen theoretisch eine rasche Absenkung der globalen Temperatur, sind allerdings wenig wirkungsvoll was z. B. Niederschlagsverteilungen betrifft. Außerdem müssten sie aus Gründen der Nachhaltigkeit für lange Zeiträume im Einsatz bleiben.

Soll das Ziel aber darin bestehen, den bereits erfahrenen bzw. noch zu erfahrenden Klimawandel zu einem noch zu definierenden Zustand zurückzuführen, so ist das nur erreichbar durch den Einsatz von CDR-Technologien. Dabei ist allerdings keine schnelle Absenkung der globalen Durchschnittstemperatur zu erwarten.

In die Gesamtbetrachtung aller möglichen Szenarien werden grundsätzlich immer alle beteiligten Stoff- und Energieströme einbezogen. Diese Kreisläufe reagieren von Natur aus umso sensibler, je großkalibriger der technologische Einsatz ist. Dazu wird im Abschnitt über die Irreversibilität aller natürlichen Prozesse weiter unten mehr gesagt. So viel vorab:

RM-Technologien greifen in die globale Strahlungsbilanz ein. Noch völlig unbekannt ist dabei die Rückkopplung zum übrigen Erdsystem, genauso wie mögliche Auswirkungen auf die Biosphäre. Rückkopplungen auf biologische Kreisläufe sind ebenfalls denkbar durch CDR-Technologien. Dazu sind durch Letztere ausgelöste meteorologische Nebeneffekte noch unvorhersehbar. Können solche Unsicherheiten durch noch nicht angelaufene Forschungsprojekte – auch in größeren Dimensionen – nicht vor dem tatsächlichen Einsatz dieser Technologien beseitigt werden? Dazu kann man Folgendes anmerken:

Das Erdsystem ist so komplex, dass Erkenntnisse, die auf regionaler Ebene gewonnen werden, keine spezifischen Aussagen über die tatsächlich global zu erwartenden Wirkungen und Nebeneffekte machen können. Schon aus diesem Grunde ist ein Risiko freies CE nicht denkbar. Wir hätten es also mit einer weiteren anthropogenen Qualität bei der Klimagestaltung zu tun. Natürlich macht man sich Gedanken über großflächige Feldversuche. Solche Versuche benötige allerdings – je nach eingebrachter Technologie – lange Beobachtungszeiträume, teilweise bis zu Jahrzehnte. Das damit einhergehende groß angelegte Monitoring muss in der Lage sein, zwischen natürlichen und künstlichen Langzeitwirkungen zu unterscheiden. Dazu müssen insbesondere die natürlichen Klimazyklen genau bekannt sein, was bisher noch nicht der Fall ist. Auf jeden Fall kämen auf die Gesellschaften in den beteiligten Ländern gewaltige Belastungen zu. Die damit einhergehenden Diskussionen wären vergleichbar mit denen über Kernenergie oder Gentechnik.

2.4 Rechtsrahmen

Obwohl es sich hier um ein technisch-wissenschaftliches Werk handelt, soll noch kurz auf den Rechtsrahmen eingegangen werden. – Bei den angedachten Maßnahmen handelt es sich um grenzüberschreitende Vorhaben. Solche können zwar von Einzelstaaten eingesetzt werden, haben aber unmittelbare Auswirkungen auf andere Staaten. Das impliziert sofort die Anwendung des Völkerrechts. Dort findet man allerdings keine Bezugsgrößen. Weder sind verbindliche Normen entwickelt worden, noch gibt es überhaupt eine allgemein akzeptierte Definition von CE. Das bedeutet, dass umfangreiche Vertragswerke erst noch geschaffen werden müssen.

2.4.1 Konfliktpotential

Kaum begann man das Nachdenken über CE, gingen bereits Überlegungen in eine ganz andere Richtung – das übliche dual use Potential: kann man CE-Technologien auch militärisch einsetzen? Die Idee der Klima-Waffe war geboren. Dazu hat die Bundeswehr bereits Machbarkeitsanalysen durchgeführt. Die Militärs sind zu folgenden vorläufigen Ergebnissen gekommen:

Der Einsatz einer Klimawaffe ist nicht völlig unwahrscheinlich, insbesondere, wenn man glaubt, im Gefechtsfeld lokal begrenzte Wettermodifikationen zu erreichen, die dem Gegner nachteilig sein könnten. Gleichzeitig wird jedoch der militärische Nutzen als vernachlässigbar eingestuft. Außerdem ist, wie bereits oben angedeutet, eine regionale Begrenzung schwierig bis unmöglich. Da es sich beim Einsatz einer Klimawaffe um einen Bruch des Völkerrechts handeln würde, sind die einhergehenden politischen Kosten hoch, sodass eigentlich nur irrationale nicht-staatliche Akteure potentiell infrage kommen. Da heutzutage die meisten internationalen Konflikte von Letzteren bestimmt werden, ist eine solche Gefahr doch nicht zu unterschätzen.

2.4.2 Institutionelle Einbindung

Aus dem oben Gesagten geht hervor, dass internationale Kooperation auf dem Gebiet des CE unabdingbar ist. Dazu gehört die Koordination von Forschungsvorhaben (allein schon aus Kostengründen), aber auch eine unabhängige Kontrollinstanz. Eine erste Aufgabe wäre die Verabschiedungen von verbindlichen Richtlinien. Sinnvoll wäre auch ein Projekt, welches die bereits laufenden und vielleicht noch zusätzlich vereinbarten Maßnahmen bzw. Ergebnisse der Emissionskontrolle mit denen des CE-Einsatzes abgleicht. Und schließlich müssten Ausstiegsmodalitäten geklärt werden.

2.5 Kosten

Der heutige Wissensstand bzgl. Kosten ist rudimentär. Konkret liegen lediglich Schätzungen über mögliche Betriebskosten der einzelnen vorgesehenen Technologien vor. Aufwendungen für getätigte oder laufende Forschungsvorhaben sind natürlich bekannt, allerdings gibt es keine verlässlichen Aussagen über Großforschungsprojekte, die notwendig wären, falls man den CE-Weg tatsächlich gehen möchte. Insbesondere sind keine Anhaltspunkte für Folgekosten aus Nebenwirkungen oder für kompensatorische Maßnahmen bekannt. CE-Maßnahmen werden mit Sicherheit Auswirkungen auf die Wirtschaftssysteme einzelner Regionen und Länder haben. Die gesamtwirtschaftlichen Effekte über längere Zeiträume sind noch nicht absehbar.

2.6   Ansätze

Die Frage, die sich stellt, lautet: Emissionskontrolle oder CE oder beides? Hierbei gehen die Meinungen bereits jetzt auseinander. Einige Experten befürchten, dass mit CE die Emissionskontrolle zurück gehen wird. Eines der Argumente wären wiederum die Kosten. Dabei wird ohne ausreichende Grundlage angenommen, dass Emissionskontrolle teurer ist als CE-Maßnahmen. Wegen der oben geschilderten Kostenunsicherheit bleibt dieses im Bereich der reinen Spekulation.

Ein Ausweg aus der Kostenfalle wäre die Antwort auf die Frage: Könnte CE kommerziell getrieben werden? Damit würde das Kostenrisiko zumindest teilweise von den Etats beteiligter Länder weggerückt und auf den privaten Sektor verlagert. In einem kommerziellen Kontext besteht allerdings die Gefahr, dass sich eine Eigendynamik entwickelt, die entsprechend auch von kommerziellen Kriterien gesteuert würde. Deshalb wären neben eventuell zu entwickelnden staatlichen Anreizen auch ordnungsrechtliche Vorgaben zur Gegensteuerung, Wettbewerbskontrollen etc. erforderlich.

Insgesamt scheint die Richtung auf einen integrierten Ansatz hinzulaufen. Neben Climate Engineering würde Emissionskontrolle beibehalten. Einbezogen werden müssten dann u. a. auch sonstige menschliche Einflüsse, wie

- Bodennutzung
- Landwirtschaft
- Oberflächenveränderungen.

Angestoßen werden muss ein intensiver akademischer Diskurs unter Einbeziehung der potentiellen Forschungseinrichtungen. Ein solcher Diskurs müsste sich gesamtgesellschaftlich ausdehnen und dabei die Dimensionen

- sozial
- ökologisch
- wirtschaftlich

zu einem klimapolitischen Gesamtkonzept einbeziehen.

Konkrete technologische Maßnahmen   3

3.1 Ausgangspunkt

Die Energiebilanz des Erdsystems wird bestimmt durch zwei Größen:

- der Solarkonstante S ($1370\ W/m^2$): einfallende kurzwellige Strahlung und
- der Albedo A: Gesamtreflektion von Sonnenstrahlung durch das Erdsystem (30 %), sodass unterschieden wird zwischen
- kurzwelligem Strahlungsfluss: $F_k = S(1 - A)$ und
- von der Erde abgestrahltem langwelligem Strahlungsfluss: F_l

Bei $F_k = F_l$ herrscht Gleichgewicht, d. h. was an Strahlungsenergie einfällt wird ebenso wieder reflektiert, sodass keine Resterwärmung aufgrund dieser Natureinflüsse zu erwarten wäre.

3.2 Möglichkeiten der Beeinflussung

Wie kann man nun die Strahlungsbilanz beeinflussen? Dafür sind grundsätzlich drei Ansätze denkbar:

- die Verringerung der Solarkonstante oder
- Erhöhung der Albedo
- Erhöhung der thermischen Ausstrahlung des Erdsystems F_l

Und daraus ergeben sich dann die beiden Methodenklassen, die diskutiert werden:

© Springer Fachmedien Wiesbaden 2016
W. Osterhage, *Climate Engineering*, essentials,
DOI 10.1007/978-3-658-10767-3_3

Tab. 3.1 Überblick CE-Maßnahmen

SRM	Einstrahlungsverringerung	Maßnahmen im Weltall
	Erhöhung der Sonnenstrahlungsreflexion	Veränderung der Erdoberfläche
		Beeinflussung mariner Schichtwolken
		Beeinflussung der Stratosphäre
TRM	Erhöhung der Ausstrahlung	Beeinflussung von Zirruswolken
	CDR-Maßnahmen	Physikalisch
		Chemisch
		Biologisch

- Solar Radiation Management (SRM)
- Thermal Radiation Management (TMR).

Die Tab. 3.1 gibt einen Überblick über die in diesem Zusammenhang denkbaren CE-Maßnahmen.

3.2.1   Reduktion der Einstrahlung

Um die Reduktion der Einstrahlung auf die Erde zu erreichen, werden folgende Ansätze diskutiert:

- Installation von Millionen von Spiegeln am Lagrange-Punkt zwischen Sonne und Erde (1,6 Mio. km entfernt) über mehrere Jahrzehnte. Der Lagrange-Punkt ist die Stelle in unserem Sonnensystem, an dem sich Erd- und Sonnenanziehung aufheben (s. Abb. 3.1). Diese Maßnahme würde eine spiegelnde Wolke von 100.000 mal 13.000 km^2 bedeuten.
- Installation von reflektierenden Schirmen auf der Erdumlaufbahn (s. Abb. 3.2)
- Erzeugung einer feinen Staubschicht mit einer Gesamtmasse eines mittleren Asteroiden im erdnahen Bereich (s. Abb. 3.3).

Für all diese Maßnahmen gibt es Modellrechnungen, die jedoch die unterschiedlichsten Effekte in allen Richtungen aufweisen – je nach Wahl der zur Verfügung stehenden Parameter.

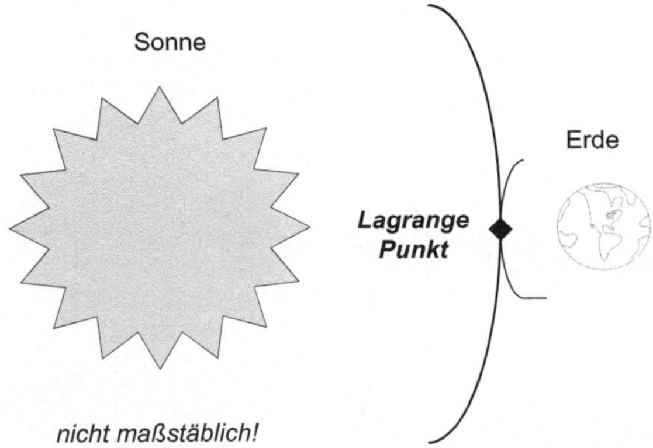

Abb. 3.1 Lagrange-Punkt

Abb. 3.2 Schirme in
Erdumlaufbahn

Abb. 3.3 Staub in
Erdumlaufbahn

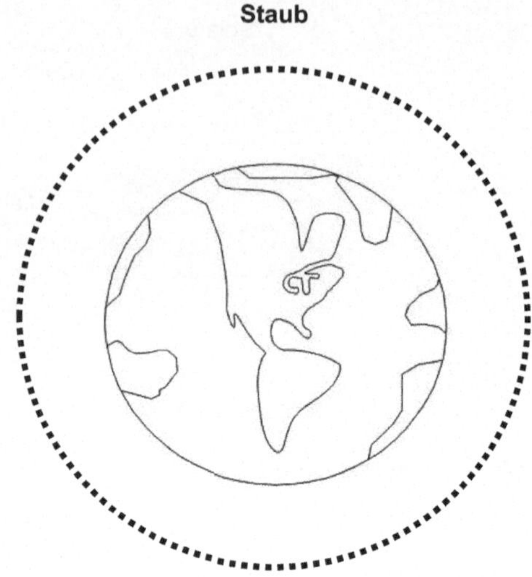

3.2.2 Erhöhung der Reflexion von Sonnenstrahlung

Alternativ (oder in Kombination?) dazu stehen Ansätze zur Erhöhung der Albedo.
Das soll durch gezielte Oberflächenänderungen erreicht werden. Die Tab. 3.2 zeigt
einige gängige Albedo-Werte.

Die Erhöhung der Albedo kann durch unterschiedliche Maßnahmen erreicht
werden.

3.2.2.1 Erhöhung der Albedo durch reflektierende Staubpartikel

Eine Methode besteht darin, Schwefeldioxid in die Stratosphäre einzubringen.
Neben den erwarteten Folgen bzgl. der Albedo gibt es aber ernsthafte Warnungen.
So wird die Entstehung von Schwefelsäuretröpfchen befürchtet. Das kann zu einer
möglichen Erwärmung der Stratosphäre führen sowie zu einer Azidität von Nie-
derschlägen mit zugehörigen negativen Effekten auf den globalen Wasserkreislauf.

Tab. 3.2 Albedo-Werte in [%]

Schnee	80–90
Wolken	60–90
Wüste	30
Ackerflächen	26
Wald	5–18
Wasser	3–22

3.2.2.2 Modifikation mariner Schichtwolken

Als marine Schichtwolken werden solche Wolken benannt, die sich niedrig über den Ozeanoberflächen lagern. Um den geplanten Effekt zu erzielen, ist vorgesehen, dass Schiffe eingesetzt werden, die Seewasser durch Pumpen aufnehmen und dieses Wasser über besondere Siphone in die niedrig gelagerten Wolken versprühen. Dabei sollen die Salze als Konzentrationskerne für die Bildung von Wassertröpfchen in den Wolken dienen. Das würde schließlich zu einer Erhöhung der Wolkenalbedo führen.

3.2.2.3 Albedoerhöhung durch reflektierende Landoberflächen

Um die Albedo von reflektierenden Landoberflächen zu erhöhen, sind zwei Methoden denkbar:

- die Veränderung des landwirtschaftlichen Kulturlandes und
- die bewusste Veränderung von urbanen Flächen.

Während die letztere Option technisch relativ einfach umsetzbar wäre (abgesehen von den Kosten und den Konsequenzen für die Bewohner von Städten), birgt der zweite Ansatz andere Schwierigkeiten. Um die Albedo zu erhöhen, ist die Verwendung von Pflanzen mit höherem Blattglanz notwendig. Mit herkömmlichen Nutzpflanzen ist dieser Effekt nicht erreichbar, deshalb geht das nur über die Ausweitung unfruchtbarer Flächen. Das hätte als Konsequenzen zum einen die Gefährdung der Biodiversität und zum anderen einen entsprechenden, schwer kalkulierbaren Einfluss auf den Kohlenstoffkreislauf.

3.2.3 Erhöhung der thermischen Ausstrahlung

Der nächste größere Methodenkomplex zielt ganz allgemein auf die Erhöhung der thermischen Ausstrahlung. Dazu bieten sich folgenden Varianten an:

- Modifikation dieses Mal von Zirruswolken
- Beschleunigung der physikalischen Kohlenstoffpumpe im Ozean
- Beschleunigung der physikochemischen Kohlenstoffpumpe im Ozean
- Beschleunigung der biologischen Kohlenstoffpumpe im Ozean
- Erhöhung der Kohlenstoffbindung
- Beschleunigung von Verwitterung
- kontrolliertes Entfernung von CO_2

3.2.3.1   Modifikation von Zirruswolken

Für diesen Zweck sollen dieses Mal Flugzeuge eingesetzt werden. Von diesen aus sollen Eiskerne in die kalten hohen Eiswolken eingesät werden. Das hätte eine Veränderung des Ausstrahlungseffektes zur Folge. Heutige Kenntnisse deuten an, dass eine erhebliche Unsicherheit bzgl. der Dynamik zwischen Eiskerneigenschaften und Eiswolken besteht. Da Zirruswolken aber nicht stabil und an einem Ort bleiben, wäre eine häufige Wiederholung dieses Einsäens erforderlich.

3.2.3.2   Physikalische Kohlenstoffpumpe

Was verbirgt sich hinter diesem Begriff? – Ozeane gelten als CO_2-Senken. Man plant nun, durch diverse Technologien absinkende Meeresströmungen so zu modifizieren, dass die Aufnahme von CO_2 in die Tiefsee verstärkt wird. Bedenken gegen diese Maßnahmen werden weiter unten in Abschn. 3.4 erörtert.

3.2.3.3   Physikochemische Kohlenstoffpumpe

Bei der physikochemischen Kohlenstoffpumpe soll die Ausnutzung der Löslichkeit von CO_2 in Wasser ins Spiel gebracht werden. Das soll gewährleistet werden durch das Einbringen von Kalkmineralien in die Meere, um deren Alkalität zu erhöhen und somit eine Verstärkung der Löslichkeit zu erreichen (s. Kommentare unter 3.4).

3.2.3.4   Biologische Kohlenstoffpumpe

Mit diesem Ansatz wird direkt in die Nahrungskette eingegriffen. Zunächst möchte man die Bakterien- und Algenmassen erhöhen, was in direkter Folge ebenfalls eine Erhöhung der globalen Photosynthese nach sich zöge. Eine weitere Komponente ist dann die Einbringung von Eisen und Stickstoff in die Ozeane, um das Planktonwachstum zu steigern. Durch beide Maßnahmen würde die natürliche Nahrungskette modifiziert. Es ist auch nicht auszuschließen, dass die Anzahl von toxischen Mikroorganismen ebenfalls anwächst.

3.2.3.5   Kohlenstoffbindung

Im Grunde genommen geht es bei diesen Vorhaben um nichts anderes als Verbrennung von Holz. Das wird in der Abb. 3.4 schematisch dargestellt.

Zunächst ist geplant, die Sahara aufzuforsten. Ist das einmal gelungen, möchte man das dann zu erntende Holz durch Pyrolyse zu Holzkohle verarbeiten, um somit das CO_2 zu binden. Die Produkte des Pyrolyse-Prozesses müssten sodann in Langzeitendlager verbracht und gehortet werden.

Abb. 3.4 Pyrolyse

3.2.3.6 Verwitterung

Der natürliche Verwitterungsprozess soll vorangetrieben werden. Diese Idee beruht auf der Erkenntnis, dass auch Kohlesäureverwitterung auf der geologischen Zeitskala als CO_2-Senke eine wichtige Rolle spielt. Wie könnte eine Beschleunigung dieses natürlichen Vorgangs erzielt werden? – Die Silikatverwitterung, die hier gemeint ist, könnte verstärkt werden durch das Einbringen von Olivinpulver in tropische Wälder oder in Küstengewässer. Ein erste Schätzung bzgl. der erforderlichen Menge beziffert diese als Äquivalent zur gegenwärtigen Weltkohleproduktion. Eine andere Möglichkeit wäre der Einsatz von Salzsäure an Land, um die Verwitterung zu beeinflussen. Die erforderliche Menge an Salzsäure erhofft man sich durch elektrochemische Entnahme dieses Stoffes aus den Weltmeeren.

3.2.3.7 Entfernung von CO_2

Die hierzu erforderlichen Schritte sind schematisch in Abb. 3.5 dargestellt.

Das so genannte Air Capture Verfahren sieht zunächst vor, dass Luft über einen Absorber geleitet wird (in diesem Falle Natriumhydroxid), sodass reines CO_2 als Rückstand verbleibt. Diese CO_2 müsste dann wiederum in entsprechende Endlager verbracht und gehortet werden.

Abb. 3.5 Air Capture Verfahren

3.3 Stand der Technik

Wie sieht heute der Stand der Technik bezogen auf die unter 3.2 beschriebenen Maßnahmen aus? Soviel kann man sagen: die meisten der vorgestellten Vorschläge basieren auf theoretischen Papieren, die in großer Vielfalt veröffentlich worden sind und auch weiterhin veröffentlicht werden. Eine Vielzahl von Patenten ist angemeldet. Es gibt auch jede Menge Modellrechnungen, die aber alle zu unterschiedlichen Ergebnissen kommen. Dabei handelt es sich größtenteils um reine Schätzungen, basierend auf nicht-robusten Annahmen.

Das Hauptproblem besteht darin, dass aussagekräftige Feldtests eigentlich nur auf globaler Ebene möglich sind. Laborexperimente sind lediglich geeignet, um technische Verfahren selbst zu evaluieren. Bekannt und erprobt sind beispielsweise Verfahren der Kohlenstoffbindung. Bekannt sind natürlich auch die chemischen Prozesse, die bei der Verwitterung eine Rolle spielen. Ansonsten ist die Faktenlage sehr dünn.

3.4 Nebenwirkungen

Angesichts der teilweise abenteuerlich anmutenden Vorschläge stellt sich natürlich die Frage nach den möglichen Begleiterscheinungen beim Einsatz der angedachten Technologien. Diese Nebenwirkungen können selbstverständlich unterschiedlich sein, entsprechend der Art der Maßnahmen. Die folgende Liste gibt nur einen Aufriss der Möglichkeiten wieder, ohne in die Details zu gehen:

- Abkühlung der Tropen (Albedo-Maßnahmen)
- Erwärmung des Meerwassers (Kombination unterschiedlicher Ansätze)
- Abschwächung von Wasserkreisläufen generell
- Beeinflussung des gesamten Energiehaushalts der Erde (Albedo- und Abstrahlungsmaßnahmen)
- Erhöhte Azidität (Verwitterungsbeschleunigung)
- Einfluss auf den Kohlenstoffkreislauf (CO_2-Maßnahmen)
- Meeresversauerung (Kombination unterschiedlicher Ansätze)
- Beeinflussung der Nahrungskette (praktisch durch alle Maßnahmen)
- Beeinträchtigung von Landwirtschaft und Fischerei
- Erhöhung der Alkalinität (Kohlenstoffpumpe)

Die Kombination von unterschiedlichen CE-Maßnahmen kann zu Kompensationen, gegenläufigen Effekten oder Übersteuerung führen. Bei einem tatsächlichen großflächigen Einsatz ist das gesamte Problem der Überwachung und Gegensteuerung vorab zu lösen.

Physikalische Hintergrundbetrachtungen

Als nächstes wollen wir jetzt einige naturwissenschaftliche Aspekte in den Blick nehmen, die zu beachten sind, wenn CE-Ideen umgesetzt werden sollen. Dabei spielen zunächst thermodynamische Überlegungen eine wichtige Rolle.

4.1 Energiebilanzen

Energieströme und -bilanzen werden von zwei physikalischen Grundgesetzen bestimmt: dem I. und II. Hauptsatz der Thermodynamik

4.1.1 I. Hauptsatz

Der erste Hauptsatz der Thermodynamik kann folgendermaßen formuliert werden:

> „In einem geschlossenen System bleibt der gesamte Energievorrat als Summe aus mechanischer, sonstiger und Wärmeenergie konstant."

Der erste Hauptsatz ist das Prinzip von der Erhaltung der Energie. Er ist Grundlage für alle weiteren Betrachtungen in der Physik. Unter anderem folgt aus ihm, dass ein perpetuum mobile nicht möglich ist. Er besagt außerdem: „there are no free lunches", d. h.: alles hat seinen Preis, nichts entsteht aus sich selbst, sondern nur aus der Umwandlung von schon Bestehendem in eine andere Form.

© Springer Fachmedien Wiesbaden 2016
W. Osterhage, *Climate Engineering,* essentials,
DOI 10.1007/978-3-658-10767-3_4

4.1.2 Prozesse

Wir unterscheiden in der Thermodynamik drei Arten von Prozessen:

- reversible
- irreversible
- unmögliche.

Ein unmöglicher Prozess wäre z. B. der Übergang von Wärme eines Systems niedriger Temperatur auf ein System höherer Temperatur ohne äußere Einwirkung. Solche Prozesse wollen wir nicht weiter betrachten.

Ein reversibler Prozess ist folgendermaßen definiert:

> „Wenn ein System, in dem ein bestimmter Prozess abgelaufen ist, wieder in seinen Anfangszustand gebrachte werden kann, ohne dass irgendwelche Änderungen in seiner Umgebung zurück bleiben, so handelt es sich um einen reversiblen Prozess."

Reversible Prozesse sind Konstrukte, die nützlich sind, um Wirkungsgrade von Systemen zu berechnen. Sie liefern maximal nutzbare Arbeit, kommen aber in der Natur nicht oder nur näherungsweise vor, dienen aber als Referenz für irreversible Prozesse:

> „Wenn der Anfangszustand eines Systems, das einen bestimmten Prozess durchlaufen hat, ohne Änderung der Umgebung nicht wieder herstellbar ist, so handelt es sich um einen irreversiblen Prozess."

4.1.3 II. Hauptsatz

Der II. Hauptsatz der Thermodynamik lässt sich dann qualitativ folgendermaßen ausdrücken:

> „Alle natürlichen Prozesse sind irreversibel."

Bei irreversiblen Prozessen wird Energie sozusagen entwertet. Es entsteht Energie-verlust, den man allerdings dann an einem idealisierten korrespondierenden rever-siblen Prozess messen kann. Ein Hauptgrund für die Irreversibilität von Prozessen ist das Auftreten von Reibung. Der II. Hauptsatz macht aber noch eine weiter ge-hende Aussage. Er zeigt die Richtung auf, in der thermodynamische und natür-liche Prozesse ablaufen. Die damit verbundene Gerichtetheit sagt aus, dass jedem Zeitpunkt eines Vorgangs, der später kommt, eine größere Entropie zukommt. Um die qualitativen Aussagen zu unterstützen, benötigen wir eine Zustandsgröße, die folgende Bedingungen erfüllt:

- Zunahme bei irreversiblen Prozessen
- Abnahme bei unmöglichen Prozessen
- Konstanz bei reversiblen Prozessen.

Die gesuchte Zustandsgröße wurde von R. Clausius im Jahre 1865 eingeführt und wird Entropie genannt. Die Definition für die Entropie-Änderung lautet:

$$\Delta S = \int_1^2 \frac{dQ}{T}\ [\text{J/K}] \tag{4.1}$$

Die Zunahme der Entropie S ist gleich dem Integral über die zugeführte Wärme-menge, die ein System vom Zustand 1 auf den Zustand 2 bringt, geteilt durch die absolute Temperatur, bei der das geschieht.

Ersetzen wir dQ durch die zugehörige Energiegleichung:

$$dQ = (dU + pdV) \tag{4.2}$$

so lässt sich zusammen fassend sagen:
1. Jedes System besitzt eine Zustandsgröße S, die Entropie, deren Differential durch

$$dS = (dU + pdV)/T \tag{4.3}$$

definiert ist. Dabei ist T die absolute Temperatur.
2. Die Entropie eines (adiabaten) Systems kann niemals abnehmen. Bei allen na-türlichen, irreversiblen Prozessen nimmt die Entropie des Systems zu, bei re-versiblen Prozessen bliebe sie konstant:

$$(S_2 - S_1)_{ad} \geq 0 \tag{4.4}$$

Man bezeichnet die Entropie auch als ein Maß für die Unordnung eines Systems bzw. für die Wahrscheinlichkeit eines Zustandes. In der Praxis bedeutet das, dass ein geordnetes System ohne äußerlichen Einfluss (adiabat) sich immer auf einen Zustand größerer Unordnung zu bewegt. Damit einher geht automatisch der Informationsverlust über den ursprünglich geordneten Zustand des Systems. Das ist der Lauf in der Natur (das Absterben eines Organismus) und in der menschlichen Geschichte. Um einen Zustand höherer Ordnung zu erhalten bzw. zu erzeugen, muss Energie von außen zugefügt werden. Aber auch das geschieht wieder nur durch andere irreversible Prozesse, die ihrerseits wiederum Energieverlust generieren. Im Gesamtkosmos nimmt die Entropie ständig zu.

Nach dem 1. Hauptsatz der Thermodynamik kann bei keinem thermodynamischen Prozess Energie erzeugt oder vernichtet werden. Es gibt nur Energieumwandlungen von einer Energieform in andere Energieformen. Für diese Energieumwandlungen gelten stets die Bilanzgleichungen des I. Hauptsatzes. Diese enthalten jedoch keine Aussagen darüber, ob eine bestimmte Energieumwandlung überhaupt möglich ist. Um diesen Sachverhalt zu beschreiben, werden unter Zuhilfenahme des II. Hauptsatzes der Thermodynamik folgende Begriffe eingeführt:

Wir können drei Gruppen von Energien unterscheiden, wenn wir den Grad ihrer Umwandelbarkeit als Kriterium heranziehen:

1. Unbeschränkt umwandelbare Energie (Exergie) wie z. B. mechanische und elektrische Energie.
2. Beschränkt umwandelbare Energie wie Wärme und innere Energie, deren Umwandlung in Exergie durch den II. Hauptsatz empfindlich beschnitten wird.
3. Nicht umwandelbare Energie wie z. B. die innere Energie der Umgebung, deren Umwandlung in Exergie nach dem II. Hauptsatz unmöglich ist.

Exergie ist Energie, die sich bei vorgegebener Umgebung in jede andere Energieform umwandeln lässt; Anergie ist Energie, die sich nicht in Exergie umwandeln lässt.

$$\text{Energie} = \text{Exergie} + \text{Anergie} \tag{4.5}$$

Daraus folgt:

1. Bei allen Prozessen bleibt die Summe aus Exergie und Anergie konstant.
2. Bei allen irreversiblen Prozessen verwandelt sich Exergie in Anergie.
3. Nur bei reversiblen Prozessen bleibt die Exergie konstant.
4. Es ist unmöglich, Anergie in Exergie zu verwandeln.

4.2 Chaos

Weitere Hinweise auf das Systemverhalten gibt uns die Chaostheorie. Als Chaostheorie bezeichnet man ein Teilgebiet der nichtlinearen Dynamik. Sie beschäftigt sie sich mit Ordnungen in dynamischen Systemen, deren zeitliche Entwicklung unvorhersagbar erscheint.

Liegt chaotisches Verhalten vor, dann führen selbst geringste Änderungen der Anfangswerte nach einer gewissen Zeit zu einem völlig anderen Verhalten. Chaotisches Verhalten kann nur in Systemen auftreten, deren Dynamik durch nichtlineare Gleichungen beschrieben wird. Ursache des exponentiellen Wachstums von Unterschieden in den Anfangsbedingungen sind dabei oft Mechanismen von Selbstverstärkung beispielsweise durch Rückkopplungen.

Den meisten Vorgängen in der Natur liegen nichtlineare Prozesse zugrunde.

Die Zuverlässigkeit der Wettervorhersage z. B. ist durch die grobe Kenntnis des Ausgangszustandes begrenzt. Auch bei vollständiger Information würde eine langfristige Wettervorhersage letztlich am chaotischen Charakter des meteorologischen Geschehens scheitern.

In der Abb. 4.1 sehen wir schematisch die Entwicklung eines Sandhaufens, dem kontinuierlich weitere Sandkörner hinzugefügt werden – solange, bis er seine Stabilität verliert und seine Form ins Rutschen kommt – ausgelöst durch ein letztes Sandkörnchen, welches den inhärenten quasi-chaotischen Zustand zum Kippen bringt.

4.3 Feinabstimmung

Bevor wir die bisherigen naturwissenschaftlichen Gedanken zusammenführen, hier noch einige Bemerkungen zur Feinabstimmung unseres Planeten und damit des Lebens auf der Erde:

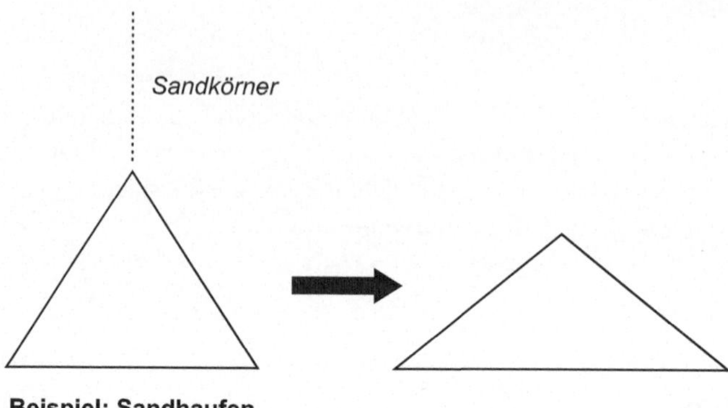

Abb. 4.1 Quasi-chaotischer Sandhaufen

Es gibt jede Menge Lebensbereiche, die sich ständig im quasi-chaotischen Zustand befinden:

- die Stabilität von Wirtschaftssystemen
- physikalische Systeme wie Sterne oder Flüssigkeiten und Gase.

Zu den letzteren ist zu sagen, dass, wäre z. B. die Neutron-Proton Massendifferenz nur um ein weniges anders, dann gäbe es keine Kernphysik im herkömmlichen Sinne, auch keine Elemente und keine Sterne. Oder: entspräche das Energieniveau im C^{12}–Kern nicht 7,65 [MeV], gäbe es kein Leben, das auf der Kohlenstoff-Chemie beruht.

Es sieht so aus, als ob viele Naturkonstanten innerhalb ziemlich enger Grenzen gerade so sind, dass menschliches Leben möglich ist. Die genannten Konstanten können wir nicht beeinflussen. Aber es gibt eine weiter gehende Feinabstimmung innerhalb unseres fragilen Lebensbereichs. Diese wird bestimmt durch

- die Austarierung des Verhältnisses Landmasse – Meere
- die Zusammensetzung unserer Atmosphäre
- die Verteilung der Tier- und Pflanzenvielfalt über unseren Planeten.

▶ Diese und all die anderen Faktoren würden von CE beeinflusst werden.

Zusammenführung 5

Führen wir jetzt die in Abschn. 4 gewonnenen Erkenntnisse zusammen; dann erkennen wir:

Climate-Engineering-Maßnahmen

- sind irreversible Prozesse
- können die empfindliche Feinabstimmung unseres Lebensraumes (quasi-chaotischer Zustand) stören und
- eine chaotische Dynamik entwickeln.

5.1 Irreversibilität

Behauptung: *Bei gleitendem Ausstieg aus CE-Szenarien bleibt kein nennenswerter Schaden zurück.*

Dem gegenüber steht: Jeder Eingriff in das Erdsystem ist irreversibel. In bestimmten Fällen kann das zu Katastrophen führen, die irreparabel und schwerwiegender als der bisherige Klimawandel sind.

▶ Am Ende könnte das Ergebnis stehen, das durch CE verhindert werden soll: die Gefährdung des Lebens auf diesem Planeten.

© Springer Fachmedien Wiesbaden 2016
W. Osterhage, *Climate Engineering*, essentials,
DOI 10.1007/978-3-658-10767-3_5

5.2 Argumente

Den obigen Bedenken können weitere Befürwortungsargumente entgegengehalten werden:

- Es hat immer schon solche Eingriffe gegeben.
- Der Bau von Häusern und Städten hat die Oberfläche der Erde nachhaltig verändert.
- Das großflächige Abholzen von Wäldern hat zu Wüstenbildungen geführt.
- Die Emission von Verbrennungsgasen hat zur Veränderung der atmosphärischen Zusammensetzung geführt.
- Wir greifen im Rahmen zivilisatorischer Entwicklungen ständig in unsere Lebensräume ein.

Aus all diesen Gründen wäre CE nicht nur legitim, sondern sogar geboten.

Dem gegenüber steht die einfache Überlegung, dass wir kein geeignetes Testsystem besitzen, um alle Auswirkungen vor der Scharfschaltung zu prüfen, wie das z. B. bei der Einführung neuer Software standardmäßig der Fall ist. Die Abb. 5.1 veranschaulicht das: wir haben nur einen Schuss! Wenn der danebengeht, gibt es keinen Weg mehr zurück.

one shot

Es gibt kein Testsystem!

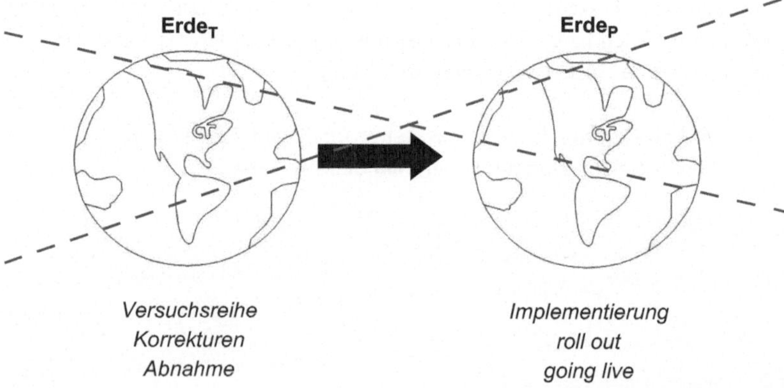

Abb. 5.1 One shot

5.3 Risikoanalyse

Da wir über kein statistisches Mengengerüst verfügen, sind statistische Voraussagen auf Basis von z. B. Normalverteilungsalgorithmen, bezogen auf das Risiko, nicht möglich. Es greifen andere Überlegungen, wie z. B. diejenigen von Nassim Taleb, der die Theorie des Schwarzen Schwans entwickelte. Er weist nach, dass herkömmliche statistische Untersuchungen nur in sehr kontrollierten Umgebungen sinnvolle Aussagen machen können. Andererseits gibt es immer wieder in allen Lebensbereichen Situationen, die plötzlich nicht nur außerhalb deterministischer Szenarien, sondern sogar im statistischen Bereich Werte annehmen, die nicht vorausgesagt werden können. Er schlägt für solche Szenarien eine differenzierte Betrachtungsweise vor, indem er davon ausgeht, dass immer mindestens ein weiteres Risiko existiert, das nicht berücksichtigt wurde (s. Abb. 5.2). Taleb nennt

	I **einfache Szenarien**	II **komplexe Szenarien**
A Anwendungsbereich Normalverteilung	erster Quadrant **sehr sicher**	zweiter Quadrant **quasi sicher**
B Anwendungsbereich Unwahrscheinlichkeit	dritter Quadrant **sicher**	vierter Quadrant **unsicher mit unbekannter Auswirkung**

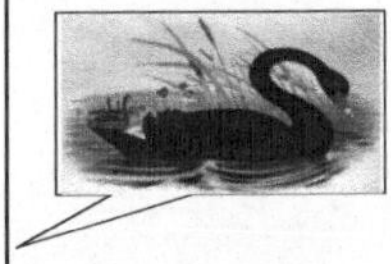

Bis zur Entdeckung Australiens kannte man keine schwarzen Schwäne. Ein „schwarzer Schwan" war etwas völlig Unwahrscheinliches, hatte dann aber einen enormen Impakt, gemessen an der Gesamtpopulation von Schwänen (nach Taleb).

Abb. 5.2 Der schwarze Schwan

ein solches unwahrscheinliches Ereignis einen „schwarzen Schwan" (black swan). Warum? Bis zur Besiedlung Australiens glaubten alle Europäer, dass es nur weiße Schwäne gäbe. Das war durch Jahrtausende lange statistische Daten (Beobachtung) untermauert. Dann tauchten schwarze Schwäne in Australien auf: gegen jede Wahrscheinlichkeit.

Referenzrahmen 6

Gesetzt den Fall, dass man sich letztendlich doch für CE entscheidet, stellt sich die Frage nach den Zielgrößen. Die Erde hat ja bekanntlich viele Perioden mit Klimaschwankungen und lebensfeindlichen Umgebungen durchlaufen. Ziel ist es sicherlich nicht, in solche Zeiten zurück zu fallen. Wo wollen wir also tatsächlich hin durch CE? Da gibt es beispielsweise folgende Anhaltspunkte:

- den Status von heute erhalten
- auf den Status von vor 50 Jahren zurückkehren oder gar
- auf den Status von vor 100 Jahren zurücksetzen?

Die Entscheidung muss getroffen werden, ob es sich um eine bloße Korrektur der Nebenwirkungen der Industrialisierung handeln soll. Wäre das die Zielsetzung, dann wäre der Stand vor ca. 1750 n. Chr. relevant (damals war es allerdings recht kalt: Nachlauf der letzten kleinen Eiszeit).

In diesem Zusammenhang muss dann auch entschieden werden, wer die eventuellen Zielgrößen vorgibt mit welcher Autorität. Welches Erdzeitalter ist dabei die Richtschnur? Dabei gilt zu bedenken, dass die Erde auch heute – und das bereits seit vor der Industrialisierung – nicht überall habitabel ist (Wüsten, Pole). Im Zuge all dieser Überlegungen könnte es dazu kommen, dass bestimmte Länder Ansprüche auf Erweiterung ihrer jetzigen Lebensräume durch Einsatz von CE- Maßnahmen erheben. Oder soll gar im Zuge von CE der gesamte globalen Lebensraum auf der Erde optimiert werden?

© Springer Fachmedien Wiesbaden 2016
W. Osterhage, *Climate Engineering*, essentials,
DOI 10.1007/978-3-658-10767-3_6

Ethik

7

Unabhängig von all den technischen Erörterungen bisher bleibt ein letztes Dilemma:

Wenn wir das alles können – dürfen wir das überhaupt? Dahinter können sich grundsätzliche Erwägungen verbergen:

- Wiegen wir wirtschaftlichen Nutzen gegen geschenkte Schöpfung auf?
- Haben wir auf unseren Garten nicht Acht gegeben?
- Wollen wir Gott spielen?

Trotz aller statistischer Aussagen bzgl. kosmologischer Abschätzungen über die Anzahl möglicher Lebensräume im All gilt:

- Die Erde ist ein einmaliger Planet an einsamer Stelle im Universum.
- Die Möglichkeit unseres Lebens bedurfte einer einzigartigen Feinabstimmung.
- Wir haben eine einmalige, einzigartige Verantwortung, diese prekäre, sich in einem labilen Gleichgewicht befindliche Lebenssphäre zu erhalten.

Das sollten wir – als vernunftbegabte Wesen – als Auftrag begreifen.

© Springer Fachmedien Wiesbaden 2016
W. Osterhage, *Climate Engineering,* essentials,
DOI 10.1007/978-3-658-10767-3_7

Schluss 8

Wir halten fest: CE-Ansätze existieren heute in der Theorie. Es gibt allerdings noch keine praktischen Erfahrungen. Diese könnten durch geeignete Testsysteme gesammelt werden. Allerdings gilt es dabei zu bedenken, dass bereits Testsysteme zu irreversiblen globalen Folgen führen können. Wenn aber Reduzierungen nicht ausreichen, könnte dann CE mit Risikoabwägungen die letzte Rettung sein? Wäre sozusagen CE im stand-by-Modus denkbar? Würde die Zeit ausreichen, um wirksam zu werden?

Die Entscheidung zwischen möglichen CE-Folgen oder Nichtstun erfordert eine hohe politische Verantwortung für die weitere globale Entwicklung.

© Springer Fachmedien Wiesbaden 2016   33
W. Osterhage, *Climate Engineering*, essentials,
DOI 10.1007/978-3-658-10767-3_8

Was Sie aus diesem Essential mitnehmen können

- Den aktuellen Diskussionsstand zum Thema Climate Engineering
- Die naturwissenschaftlichen Randbedingungen, die bei Eingriffen in das Klimasystem zu beachten sind
- Die Risiken, die mit gezielten Eingriffen in das Klimasystem verbunden sind

© Springer Fachmedien Wiesbaden 2016
W. Osterhage, *Climate Engineering*, essentials,
DOI 10.1007/978-3-658-10767-3

Literatur

Heintzenberg, J.: Climate Engineering: Chancen und Risiken einer Beeinflussung der Erderwärmung – naturwissenschaftliche und technische Aspekte, Studie beauftragt vom Bundesministerium für Bildung und Forschung (2011)

Osterhage, W.: Energie ist nicht erneuerbar. Springer Spektrum, Wiesbaden (2014)

Planungsamt der Bundeswehr (Hrsg.): Future Topic Geoengineering (2012)

Renn, O., et al.: Climate Engineering: Risikowahrnehmung, gesellschaftliche Risikodiskurse und Optionen der Öffentlichkeitsbeteiligung, Studie für das Bundesministerium für Bildung und Forschung (2011)

Rickels, W., et al.: Gezielte Eingriffe in das Klima? Eine Bestandsaufnahme der Debatte zum Climate Engineering, Sondierungsstudie für das Bundesministerium für Bildung und Forschung (2011)

© Springer Fachmedien Wiesbaden 2016 37
W. Osterhage, *Climate Engineering*, essentials,
DOI 10.1007/978-3-658-10767-3